ASSOCIATION FRANÇAISE
pour le Développement des Travaux Publics
Constituée conformément à la loi de 1901

4ᵉ CONGRÈS NATIONAL DES TRAVAUX PUBLICS FRANÇAIS
à PARIS, les 18, 19 & 20 Novembre 1912

1ʳᵉ SECTION

MARSEILLE

Encombrement du Port - Insuffisance des travaux en cours

PAR

M. DAHER, Armateur

L'Insuffisance des Aménagements du Port de Marseille

PAR

M. Amédée ALBY

Ingénieur en Chef des Ponts et Chaussées

SIÈGE SOCIAL
EN L'HOTEL DES INGÉNIEURS CIVILS
19, Rue Blanche, 19

SECRÉTARIAT ADMINISTRATIF
35, Rue Le Peletier, 35
PARIS

ASSOCIATION FRANÇAISE
POUR LE DÉVELOPPEMENT DES TRAVAUX PUBLICS

Constituée conformément à la loi de 1901

Président

M. Ch. PREVET, ancien Sénateur.

Vice-Présidents

M. BAUDIN, Ancien Ministre des Travaux publics.

M. GROSELIER, ancien Président du Syndicat professionnel des Entrepreneurs de Travaux Publics de France.

M. MILLERAND, Ministre de la Guerre, ancien Ministre du Commerce et des Travaux Publics.

M. BERTIN, membre de l'Académie des Sciences.

Secrétaire général

M. J. HERSENT, Entrepreneur de Travaux maritimes.

Secrétaire trésorier

M. E. BOURDONNAY, Directeur du *Journal des Travaux publics*.

Secrétaire

M. GALLOTTI, Ingénieur civil.

Rapporteur général

M. le Lieutenant-Colonel ESPITALLIER.

1re section : Ports

M. MAURY, Ingénieur civil, Président.

M. QUELLENEC, Ingénieur en chef des Ponts-et-Chaussées, Vice-Président.

2e section : Voies navigables

M. MALLET, Ingénieur civil, Président.

M. ALBY, Ingénieur en chef des Ponts-et-Chaussées, Vice-Président.

3e section : Chemins de Fer et Voies de Communication

M. DUPORTAL, Président, Inspecteur Général des Ponts et Chaussées en retraite.

M. BARBET, Ingénieur civil, Vice-Président.

4e section : Utilisation des Eaux et Hygiène

M. DUMONT, ancien Président de la Société des Ingénieurs Civils, Président.

M. CHARDON, Ingénieur civil, Vice-Président.

5e section : Entreprises d'utilité publique

M. SIBILLE, Député, Président.

M. le Comte d'Agoult, Vice-Président, ancien Député.

MARSEILLE

Encombrement du Port - Insuffisance des travaux en cours

Par M. DAHER

Armateur

Tout le monde est d'accord pour reconnaître l'insuffisance du port de Marseille, insuffisance qui a pour résultat de produire un encombrement dont pâtissent toutes les industries qui se rattachent de près ou de loin au mouvement maritime.

Quelles sont les causes de cet encombrement?

Quels sont les remèdes à y apporter? C'est ce que nous allons tâcher de dégager.

CAUSES DE L'ENCOMBREMENT DU PORT

Un simple coup d'œil sur la statistique du mouvement du port de Marseille : navires et marchandises de 1857 à 1911 (annexe n° 1) montre que le trafic est passé dans cette période de 55 ans,

De 20 892 navires en 1857 à 16 836 en 1911;

De 3 415 133 tonnes de jauge en 1857 à 19 632 974 tonnes en 1911;

De 2 021 876 tonnes de marchandises en 1857 à 8 785 886 tonnes en 1911.

Le nombre des navires a diminué, la vapeur prenant de plus en plus la place de la voile et les dimensions n'ayant cessé de croître.

La moyenne de la jauge des navires qui était de 163 tonnes en 1857, est passé à 1 166 tonnes en 1911.

Jusqu'en 1853, époque où le bassin de la Joliette a été livré au commerce, tout le mouvement maritime du port de Marseille était concentré dans le vieux port qui, avec ses annesxes :

Le Canal des Douanes,

Et le bassin de carénage,

présentait une surface d'eau de 27 hectares 1/2 et une longueur de quai de 3 547 mètres.

Jusque-là, à peu près tout le trafic était assuré par des navires à voile qui séjournaient longtemps dans les ports, n'embarquant et ne débarquant que de faibles tonnages journaliers, encombraient peu les quais.

D'autre part, la concurrence mondiale moins aiguë, permettait au commerce de supporter des frais inacceptables aujourd'hui.

Aussi, les navires se plaçaient-ils perpendiculairement aux quais et souvent sur plusieurs rangs.

Dans ces conditions, les 3 547 mètres de longueur quai du Vieux-Port, suffisaient amplement au trafic.

Vers 1840, les premiers services par navires à vapeur faisaient déjà pressentir les exigences de ce nouveau mode de locomotion et une loi du 5 août 1844, décidait la création du bassin de la Joliette qui, terminé en 1853, mettait à la disposition du commerce 2 160 nouveaux mètres utilisables de quais.

Le 1ᵉʳ janvier 1864, la Compagnie des Docks et Entrepôts mettait en service les bassins du Lazaret et d'Arenc ayant 2 281 mètres de longueur utilisable de quais.

Les bassins de la Gare Maritime et Nationale, achevés seulement en 1883, avaient respectivement 2 143 mètres et 3 759 mètres de quais.

Enfin, le bassin de la Pinède à peine achevé, comporte 2 786 mètres de quai.

En récapitulant, nous avons :

Vieux Port	3.547 mètres
Bassin de la Joliette	2 160 —
— du Lazaret et d'Arenc	2 281 —
— de la Gare Maritime	2 143 —
— National	3 759 —
— de la Pinède	2 786 —

dont il faut déduire les 1 558 mètres....Total.. 16 676 mètres
du canal de la Douane et de Carénage, annexes du Vieux Port qui, précieux au temps lointain du petit cabotage pour des navires de faibles dimensions, sont aujourd'hui inutilisables

15 116 mètres

Il ressort du tableau (annexe n° 1) que le tonnage marchandises le plus intéressant à envisager quand il s'agit de rechercher les causes de l'encombrement d'un port, a augmenté en moyenne de 123 000 tonnes par an, mais un examen plus approfondi, montre que la progression n'a pas été régulière.

En effet :

				Augmentation moyenne annuelle
de 1857 à 1866	2 021 876 2 081 767	le tonnage a augmenté de : $\dfrac{59\ 891\ T}{10}$	soit	6 000 T par an
de 1867 à 1876	2 655 445 3 322 421	le tonnage a augmenté de : $\dfrac{666\ 976\ T}{10}$	soit	67 000 T par an
de 1877 à 1886	3 118 737 4 331 360	le tonnage a augmenté de : $\dfrac{1\ 212\ 623\ T}{10}$	soit	121 000 T par an
de 1887 à 1896	4 374 718 5 598 997	le tonnage a augmenté de : $\dfrac{1\ 224\ 279\ T}{10}$	soit	122 000 T par an
de 1897 à 1906	5 886 588 6 860 849	le tonnage a augmenté de : $\dfrac{974\ 261\ T}{10}$	soit	97 000 T par an
de 1907 à 1911	7 296 362 8 785 886	le tonnage a augmenté de : $\dfrac{1\ 489\ 524\ T}{5}$	soit	297 905 T par an

La longue période qui s'est écoulée entre 1883, date du parachèvement du Bassin National, et 1910-1911, mise en service du Bassin de la Pinède, sans qu'aucun nouveau quai n'ait été livré au commerce pendant ces 27 ans, où le tonnage augmentait de 3 500 000 tonnes, a créé une rupture d'équilibre qu'il sera long, difficile et coûteux de faire disparaître et qui nécessitera un effort considérable.

La poussée anormale et imprévue des 5 dernières années a, de plus, déjoué les prévisions et a aggravé encore l'encombrement du port dont tout le monde pâtit, malgré les très réels efforts du service du port dont le plus clair du temps est consacré à tâcher de mécontenter le moins possible chaque intéressé.

Si la même progression continue, la situation va devenir critique.

En effet, il faut encore 8 à 10 ans pour que le bassin de la Madrague soit terminé.

En admettant une augmentation de 300 000 tonnes par an, c'est 3 millions de tonnes de plus, soit 11 à 12 millions de tonnes qu'il faudra faire passer par les 15 000 mètres de quais disponibles, en attendant la fin du bassin de la Madrague.

Cela représente une utilisation de 1 000 tonnes par mètre et par an, alors qu'il est admis qu'un mouvement de 700 tonnes par mètre et par an correspond à une très bonne utilisation des quais.

QUELS SONT LES REMEDES
A APPORTER A CETTE SITUATION?

En présence de la situation exposée ci-dessus, l'Administration, au lieu d'attendre la fin de la construction du bassin de la Madrague pour commencer les formalités en vue de nouvelles extensions du port, comme cela se pratiquait jusqu'ici, a déjà présenté à l'Administration supérieure le projet du bassin Mirabeau qui comportera 3 200 mètres de quais pouvant recevoir des navires jusqu'à 300 mètres de longueur, d'un tirant d'eau de 12 mètres.

Le service des Ponts et Chaussées étudie également les extensions futures du port, après le bassin Mirabeau; mais tous ces ouvrages arriveront trop tard si les formalités administratives continuent à être aussi interminables que par le passé.

C'est là qu'est le mal, c'est là qu'il faut porter le fer rouge, si l'on ne veut voir le port de Marseille déserté peu à peu, faute d'y pouvoir opérer.

Il y a un important retard à rattraper. On n'y arrivera jamais, s'il faut se résoudre à voir s'écouler un espace de 20 ans entre le vote de la loi décidant les travaux et leur parachèvement, comme cela se passe pour le bassin de la Madrague qui, compris dans le programme Baudin de 1901, n'a été commencé qu'en 1911 pour se terminer en 1920.

Aujourd'hui que l'autonomie des ports est à l'ordre du jour, pourquoi le Gouvernement n'envisagerait-il pas une organisation comme celle de la Junta du port de Barcelone, par exemple, qui, grâce à son fonctionnement et à sa souplesse, a permis de réaliser de très importants travaux dans un espace relativement court.

L'annexe n° 2 donne un extrait de la très intéressante étude que M. Batard-Razelière, ingénieur en chef du port de Marseille, a consacrée au port de Barcelone et qui a été publiée par les *Annales des Ponts et Chaussées* 1908, vol. IV.

Il faut également que la Municipalité de Marseille se décide à exécuter des voies de dégagement en harmonie avec l'importance du trafic.

Les boulevards extérieurs commencés depuis longtemps et qui permettraient de desservir la banlieue industrielle de Marseille, sans traverser le centre de la ville, devraient être rapidement terminés.

Les énormes navires modernes ne peuvent vivre qu'à la condition formelle de séjourner le moins de temps possible dans les ports; il faut donc qu'ils aient le moyen de débarquer et d'embarquer très rapidement leurs cargaisons.

Ce n'est possible qu'à la condition que la marchandise ainsi mise à quai, puisse être rapidement enlevée, et réciproquement pour les marchandises d'exportation.

L'exécution rapide de ce vaste programme entraînera des dépenses considérables.

L'Etat ne participant que pour la moitié de la dépense, il faudra gager des emprunts au moyen de taxes.

Qu'elles frappent les navires ou la marchandise, c'est toujours le commerce qui les payera. Il faut qu'il admette cette éventualité fâcheuse, mais inévitable.

ANNEXE N° 1

Mouvement Maritime et Commercial du Port de Marseille
de 1857 à 1911

Années	Mouvement de la Navigation Entrées et Sorties réunies		Mouvement des Marchandises		
	Nombre de Navires	Tonnage de Jauge	Entrées	Sorties	Total
		Tonneaux	Tonnes	Tonnes	Tonnes
1857	20 892	3 415 133	1 310 135	711 041	2 021 876
1858	19 038	3 089 681	1 122 680	727 635	1 850 315
1859	19 035	3 133 629	1 066 746	713 054	1 779 800
1860	16 910	2 759 652	949 946	669 548	1 619 494
1861	19 557	3 429 885	1 282 309	728 202	2 010 511
1862	19 607	3 493 256	1 319 922	735 690	2 055 612
1863	19 758	3 424 449	1 256 427	840 697	2 097 124
1864	17 962	3 294 866	1 150 241	850 922	2 001 163
1865	17 726	3 449 775	1 189 708	872 293	2 062 001
1866	16 824	3 510 446	1 201 946	879 821	2 081 767
1867	18 625	4 012 851	1 662 282	993 163	2 655 445
1868	23 378	4 835 575	2 157 074	1 235 234	3 392 308
1869	19 962	4 379 851	1 630 020	1 124 411	2 754 431
1870	18 153	4 372 687	1 728 827	936 497	2 665 324
1871	17 657	4 428 477	1 754 148	847 741	2 601 889
1872	17 684	4 534 916	1 799 900	961 848	2 761 748
1873	18 849	4 978 561	2 098 144	1 036 315	3 134 459
1874	17 166	4 981 481	2 119 836	1 177 903	3 297 739

Mouvement Maritime et Commercial du Port de Marseille *(suite)*

Années	Mouvement de la Navigation Entrées et Sorties réunies		Mouvement des Marchandises		
	Nombre de Navires	Tonnage de Jauge	Entrées	Sorties	Total
		Tonneaux	Tonnes	Tonnes	Tonnes
1875	17 770	5 251 226	1 998 398	1 196 872	3 195 270
1876	17 961	5 365 345	2 139 169	1 183 252	3 322 421
1877	16 448	5 384 594	1 978 074	1 140 663	3 118 737
1878	17 460	6 386 107	2 442 609	1 271 799	3 714 408
1879	19 021	6 552 471	2 633 550	1 351 248	3 984 798
1880	19 624	7 235 174	2 780 626	1 437 634	4 218 260
1881	18 990	7 750 077	2 658 722	1 489 805	4 145 527
1882	18 275	8 060 299	2 929 505	1 626 201	4 555 706
1883	19 987	8 896 366	3 056 145	1 753 112	4 809 260
1884	16 147	7 797 231	2 470 397	1 542 034	4 012 431
1885	15 282	8 432 316	2 523 239	1 593 927	4 117 166
1886	16 256	9 265 952	2 534 233	1 797 127	4 331 360
1887	15 143	9 456 044	2 632 809	1 741 909	4 374 718
1888	17 507	10 184 687	2 892 885	1 892 325	4 785 210
1889	17 960	9 791 157	2 794 755	1 863 155	4 657 906
1890	18 074	9 918 190	3 020 899	1 950 111	4 971 010
1891	19 292	10 963 871	3 433 895	1 972 689	5 406 584
1892	16 877	9 791 485	2 959 162	1 976 810	4 935 972
1893	16 233	9 787 767	3 115 709	1 937 620	5 053 329
1894	17 001	9 834 269	3 375 220	2 110 019	5 485 239

Mouvement Maritime et Commercial du Port de Marseille *(suite)*

Années	Mouvement de la Navigation Entrées et Sorties réunies		Mouvement des Marchandises		
	Nombre de Navires	Tonnage de Jauge	Entrées	Sorties	Total
		Tonneaux	Tonnes	Tonnes	Tonnes
1895	16 975	9 973 969	3 239 704	2 153 824	5 393 528
1896	16 279	10 490 350	3 342 364	2 256 363	5 598 997
1897	15 950	10 869 610	3 574 724	2 311 864	5 886 588
1898	16 781	12 074 132	3 896 905	2 377 847	6 274 752
1899	17 764	12 567 602	3 834 118	2 482 376	6 316 494
1900	17 254	12 376 266	3 784 383	2 436 991	6 211 374
1901	16 802	13 087 098	4 057 566	2 293 388	6 350 954
1902	17 008	13 233 274	4 013 834	2 474 233	6 488 067
1903	17 608	14 465 584	4 382 854	2 676 560	7 059 414
1904	16 292	13 355 404	3 822 500	2 432 163	6 254 663
1905	17 342	15 786 728	3 908 330	2 713 109	6 521 439
1906	16 468	15 917 119	4 122 442	2 738 407	6 860 849
1907	16 321	16 616 273	4 445 668	2 850 694	7 296 362
1908	16 777	17 534 037	4 426 673	2 945 559	7 372 232
1909	17 105	18 113 987	4 560 619	3 046 721	7 607 340
1910	16 630	18 929 207	5 096 628	3 233 628	8 330 256
1911	16 836	19 632 974	5 476 686	3 309 200	8 785 886

Extrait de la Notice sur le Port de Barcelone

de M. BATARD RAZELIÈRE

Ingénieur en Chef des Ponts et Chaussées

("Annales des Ponts et Chaussées", 1908. vol. IV)

ADMINISTRATION DU PORT

Indications générales

Pour les détails concernant le régime et le mode d'administration des ports d'Espagne, nous ne pouvons que renvoyer aux études précitées de M. l'Ingénieur en chef Laroche et de M. l'Inspecteur général Eyriaud-Desvergnes.

Nous rappellerons les points essentiels de l'organisation dont il s'agit et nous indiquerons ensuite comment elle fonctionne, à l'heure actuelle, à Barcelone, en tenant compte des changements survenus dans ces dernières années.

En vertu d'une loi du 7 mai 1880, les ports espagnols sont divisés en ports d'intérêt général, qui dépendent exclusivement de l'Etat, et en ports d'intérêt local, qui dépendent des Provinces et des Communes sous le contrôle de l'Etat.

Le service des ports comprend deux classes d'opérations. L'une se rapporte aux mouvements d'entrée et de sortie des navires, à leur mouillage et à leur amarrage le long des quais, au remorquage et aux secours maritimes; elle est de la compétence du Ministère de la Marine. L'autre se rapporte à l'exécution et à l'entretien des travaux, au chargement et au déchargement des marchandises, à la circulation sur les quais et, d'une manière générale, à l'usage de tous les ouvrages des ports pour les besoins commerciaux; elle dépend du Ministère de l'Agriculture, de l'Industrie, du Commerce et des Travaux Publics, que l'on désigne aussi sous le nom de Ministère de Fomento.

En principe, les dépenses des ports d'intérêt général incombent à l'Etat, avec ou sans le concours des Provinces ou des Communes; mais, en fait, dans la plupart des principaux ports, l'Etat ne paye que les dépenses afférentes au service des phares et balises et les frais du personnel appartenant au Ministère de la Marine; pour le reste, c'est-à-dire pour ce qui forme la majeure partie des charges, des commissions désignées sous le nom de « Juntas de obras de puertos » ont été instituées dans le but de faire face aux dépenses d'extension et d'amélioration, d'entretien et d'exploitation au moyen de ressources provenant de la perception de taxes spéciales et de l'utilisation de l'outillage, sous le contrôle de l'Etat.

Les grands ports espagnols jouissent donc d'une certaine autonomie, dans ce sens que les ressources financières dont ils disposent leur sont exclusivement affectées; mais ils n'en restent pas moins soumis, au point de vue de l'instruction des projets, à toutes les formalités prescrites pour les travaux de l'Etat par le règlement du 5 juillet 1877, pris en exécution de la loi générale des travaux publics du 13 avril précédent.

Le règlement général pour l'organisation et le fonctionnement des juntes des travaux des ports a fait l'objet d'un décret royal du 17 juillet 1903, modifié par décret du 24 septembre suivant; mais la Junte du Port de Barcelone, qui est la plus ancienne des institutions de ce genre a été créée par un décret du 11 décembre 1868; après avoir subi diverses transformations, sa composition et ses attributions ont été définies par un décret royal du 7 août 1898, modifié par décret du 23 mai 1899, dont les dispositions sont restées en vigueur nonobstant la réglementation générale subséquente; quelques changements d'ordre secondaire y ont seulement été apportés par deux Ordres royaux des 6 novembre 1903 et 10 janvier 1907.

JUNTE DU PORT

Objet. — La définition donnée par l'article 1er du règlement général s'applique naturellement à la Junte du port de Barcelone : les Juntes de travaux des ports ont pour objet d'administrer et d'employer, sous l'inspection et la surveillance du Ministère de l'Agriculture, de l'Industrie, du Commerce et des Travaux publics, les ressources et fonds spéciaux de chacun de ces ports, en y exécutant les travaux d'amélioration, d'entretien et de réparation qui les concernent, en y organisant et dirigeant les services indispensables pour la police et l'usage public. Elles peuvent également établir et exploiter, avec l'autorisation du même Ministère, d'autres services : appareils spéciaux de chargement et de déchargement, docks de construction et de réparation, installations de carénage, dépôts commerciaux et, en général, tous éléments, pouvant être nécessaires dans chaque port pour le progrès et le développement de la navigation et du trafic maritime.

En vertu de l'article 2 dudit règlement général, les Juntes de travaux sont considérées comme les délégués de l'Administration dans l'exercice des fonctions qui leur sont confiées et dépendent immédiatement de la Direction générale des Travaux publics.

Composition. La Junte des travaux du port de Barcelone se compose de membres de droit et de membres élus.

Sont membres de droit : le Gouverneur civil qui exerce la charge de Président, le Commandant de la Marine, l'Ingénieur directeur des travaux et l'Administrateur de la Douane.

Sont membres élus : un député provincial, un conseiller municipal, un membre de la Section commerciale de la Junte de l'Agriculture, de l'Industrie et du Commerce et un membre de chacune des associations suivantes : Chambre officielle de commerce, Association des navigateurs et consignataires, Association des capitaines de la Marine marchande, Société économique des amis du pays, Syndicat du travail national, Institut agricole catalan de Saint-Isidore: un des plus forts contribuables parmi les commerçants et un autre parmi les industriels.

Les membres provenant de la Députation provinciale, du Conseil municipal, de la Junte de l'Agriculture, de l'Industrie et du Commerce, de la Chambre officielle de Commerce ainsi que des diverses Associations et Sociétés précitées, sont nommés pour quatre ans par les corporations auxquelles ils appartiennent respectivement.

Les membres provenant des plus forts contribuables sont nommés par la Junte des travaux du port, le choix pouvant d'ailleurs s'exercer parmi les représentants officiels des grandes Compagnies commerciales et industrielles.

Les fonctions de membre élu sont purement honorifiques et incompatibles avec toute participation directe ou indirecte, apparente ou dissimulée, dans les travaux, services et entreprises qui se réalisent au moyen des fonds administrés par la Junte.

Attributions et devoirs de la Junte. Les attributions et devoirs de la Junte sont les suivants :

1° Nommer un Vice-Président;

2° Créer ou supprimer les emplois; nommer ou destituer les employés, les agents techniques subalternes étant choisis, sur la proposition de l'Ingénieur-Directeur des travaux, parmi les candidats pourvus du diplôme réglementaire;

3° Proposer au Ministère de l'Agriculture, de l'Industrie, du Commerce et des Travaux publics, la nomination de l'Ingénieur-Directeur des travaux du port;

4° Fixer les honoraires, traitements et frais relatifs au personnel;

5° Contrôler le recouvrement, par l'Administration de la Douane, des droits établis au profit des travaux du port et en retirer le montant pour le déposer sans intérêt à la succursale de la Banque d'Espagne à Barcelone, qui le tiendra à la disposition de la Junte;

6° Dresser et soumettre au Ministre de l'Agriculture, de l'Industrie, du Commerce et des Travaux publics le budget annuel d'entretien;

7° Procéder à l'exécution de toutes sortes de travaux suivant le mode qu'elle jugera le plus convenable, pourvu que les projets en aient été approuvés au préalable par le Gouvernement et à la condition que l'importance de la dépense prévue n'excède pas 50 000 pesetas. Lorsque ce chiffre est dépassé, les travaux ou fournitures doivent être adjugés dans la forme prescrite pour tous les travaux publics, à moins que sur sa demande la Junte n'ait été expressément autorisée à les exécuter directement;

8° Réaliser les emprunts nécessaires à l'exécution des travaux, sous réserve de l'autorisation de l'Administration compétente;

9° Payer l'intérêt et l'amortissement de ses obligations;

10° Proposer à la Direction générale des Travaux publics tout ce qui est jugé convenable au point de vue des travaux et des intérêts confiés à la Junte;

11° Étudier les avant-projets et plans annuels de travaux neufs présentés par l'Ingénieur-Directeur; envoyer à la Direction générale, avec ses observations, tous les projets définitifs et lui soumettre tous les incidents qui peuvent survenir lorsque le côté financier est lié au côté technique;

12° Exercer la surveillance des travaux au point de vue financier;

13° Contrôler, si elle le juge convenable, en même temps que l'Ingénieur-Directeur, les réceptions de matériaux, machines et objets acquis par voie d'adjudication ou de concours, celles de tous ouvrages et travaux au fur et à mesure de leur achèvement, ainsi que les réceptions provisoires et définitives de travaux neufs;

14° Soumettre à l'approbation de la Direction générale les comptes de liquidation des constructions et travaux adjugés, ainsi que les procès-verbaux de réception de tous les travaux, en certifiant la régularité de ces documents, faute de quoi ceux-ci ne seront pas valables;

15° Approuver, sur la proposition préalable du Directeur technique, le compte des travaux et en ordonner le paiement;

16° Arrêter, avec l'autorisation du Gouvernement et conformément aux projets approuvés, les moyens d'utiliser les terrains à gagner sur la mer, afin de procurer toutes les ressources possibles pour l'exécution des travaux projetés ou de ceux à l'étude en vue de l'amélioration des services du port;

17° Examiner, lorsque l'Administration supérieure réclame son avis, les questions qui peuvent intéresser les travaux et le service du port;

18° Communiquer directement avec la Direction générale des travaux publics, ainsi qu'avec les Corporations locales et particulières, et par l'intermédiaire du Gouverneur de la Province avec les autres Centres et Autorités;

19° La Junte sera nécessairement entendue dans toutes les affaires qui peuvent se rapporter directement ou indirectement aux travaux et services du port, ainsi qu'à son amélioration et à son extension;

20° La Junte ne pourra, sous aucun prétexte, employer les fonds qu'elle administre à un autre objet que celui en vue duquel elle a été instituée, ni procéder à d'autres paiements que ceux nécessaires pour régler les dépenses du Secrétariat et celles propres aux travaux régulièrement justifiées par l'Ingénieur-Directeur, en se conformant d'ailleurs aux projets et budgets approuvés par le Gouvernement.

21° Proposer au Ministère de l'Agriculture, de l'Industrie, du Commerce et des Travaux Publics les abaissements de droits qu'elle juge opportune, mais dont l'approbation ne pourra intervenir qu'autant que l'accomplissement des obligations contractées par la Junte restera assuré et qu'il n'en résultera aucun préjudice pour les intérêts des autres ports espagnols.

D'autre part, en vertu d'un décret spécial du 8 juin 1900, qui a été confirmé et complété par le règlement général du 17 juillet 1903, la Junte est autorisée, après avoir pris l'avis de la Chambre officielle de commerce et moyennant l'approbation du Gouverneur civil de la Province, à fixer ou à modifier les tarifs de transport sur les voies ferrées du port, d'usage des grues, d'occupation des terrains sur les quais ou dans les hangars, des dépôts commerciaux et, en général, de tous les services complémentaires pour l'usage public du port, ainsi qu'à rédiger les règlements **respectifs desdits services**, à la condition d'en rendre compte au Ministère de l'Agriculture, de l'Industrie, du Commerce et des Travaux publics.

Les mêmes documents indiquent le mode suivant lequel les membres de la Junte peuvent, le cas échéant, se pourvoir contre les décisions prises par le Gouverneur en ce qui concerne ces nouvelles dispositions.

Fonctionnement de la Junte. — La Junte tient une séance ordinaire par mois, sans préjudice des réunions extraordinaires qui sont jugées nécessaires par le Président ou qui sont réclamées par le tiers au moins du nombre total des membres.

Le soin de résoudre les affaires urgentes ou de minime importance, de préparer l'expédition des autres affaires, de combler les vacances dans le personnel subalterne et d'assurer l'accomplissement des décisions de la Junte est confié à une Commission exécutive qui tient une séance ordinaire par semaine, sans préjudice des séances extraordinaires qui sont jugées nécessaires par le Président.

À la tête des services administratifs se trouve un Secrétaire-comptable rétribué, qui est nommé par le Ministre de l'Agriculture, de l'Industrie, du Commerce et des Travaux publics sur la proposition de la Junte, après concours public. Ce Secrétaire-comptable assiste à toutes les séances plénières de la Junte, ainsi qu'à celles de la Commission exécutive, mais sans avoir le droit de vote: il est secondé par un Trésorier-payeur, également rétribué.

L'Ingénieur-Directeur des travaux est le chef de tous les services techniques; il relève exclusivement de la Direction générale des Travaux publics et est soumis à l'inspection de l'Ingénieur en chef de la Province agissant comme délégué de l'Inspecteur de la zone maritime.

Enfin, le Gouverneur civil de la Province exerce un droit de contrôle sur la gestion administrative de la Junte, en tant que Chef supérieur local de tous les services dépendant du Ministère de l'Agriculture, de l'Industrie, du Commerce et des Travaux publics.

Attributions et devoirs du Directeur technique des travaux. — Les attributions et devoirs du Directeur technique des travaux sont les suivants :

1° Dresser et remettre à la Junte, au mois de septembre de chaque année, le plan des travaux neufs à exécuter pendant l'année suivante, ainsi que le budget des travaux d'entretien et d'exploitation et des frais de recettes des services à la charge de la Junte, lesquels seront envoyés à l'Administration supérieure pendant le mois de novembre suivant, et proposer l'état du personnel de la Direction technique, lequel sera également approuvé par l'Administration supérieure après avis de la Junte;

2° Préparer les avant-projets et plans annuels de travaux neufs pour les présenter à l'examen de la Junte; dresser les projets et comptes de liquidation de tous travaux et services d'amélioration, de réparation et d'entretien du port et en remettre un exemplaire à la Junte pour que celle-ci le fasse parvenir à l'Administration supérieure, avec son avis, par l'intermédiaire de l'Ingénieur en chef de la Province;

3° Assister aux adjudications et concours auxquels il est procédé par la Junte;

4° Présenter dans les concours la proposition qui doit être acceptée pour servir de base à l'adjudication;

5° Diriger les travaux et services qui sont exécutés par voie d'entreprise;

6° Diriger ou administrer ceux qui sont exécutés en régie ou par gestion directe;

7° Réclamer de la Junte, pour les services qui sont assurés par gestion directe et pour les travaux qui sont exécutés en régie, les objets et matériaux nécessaires. Le Directeur technique donnera tous détails utiles pour réaliser les acquisitions et procéder à la vérification des fournitures en vue de les recevoir ou de les refuser suivant qu'elles rempliront ou non, à son avis, les conditions exigées. La Junte imposera la forme et le mode desdites acquisitions, d'accord avec le Directeur technique; à défaut d'accord entre la Junte et le Directeur technique, la question serait soumise à la décision de la Direction générale des Travaux publics;

8° Proposer à la Junte la nomination ou le licenciement des Capitaines, Pilotes, Patrons, Contremaîtres, Mécaniciens, Chefs d'atelier et autres agents techniques, soit à titre définitif, soit à titre temporaire en se conformant aux états annexés aux budgets d'entretien.

Adresser également à la Junte les propositions relatives aux surveillants, gardiens et autres agents employés pour la police des quais, qui ont le caractère de gardes assermentés et ont droit au port d'armes, les nominations, punitions et destitutions prononcées par la Junte étant soumises dans ce cas à l'approbation définitive du Gouverneur civil de la Province.

Embaucher et renvoyer les ouvriers de toutes catégories employés dans les divers travaux et services, fixer les journées ordinaires et extraordinaires ainsi que la tâche de chacun, autoriser les contrats de travail conformément à la législation en vigueur, en rendant compte du tout à la Junte.

Passer des marchés partiels à l'occasion des travaux qui s'exécutent en régie, conformément aux prescriptions réglementaires, et en rendre compte également à la Junte;

9° Proposer à la Commission exécutive les punitions ou la destitution des agents appartenant à la Direction technique, en appliquant s'il y a lieu la suspension d'emploi et de traitement jusqu'à ce qu'une décision soit intervenue;

10° Etablir les estimations et pièces justificatives concernant les travaux exécutés par voie d'entreprise et les fournitures de matériel traitées par voie de concours, pour les soumettre à l'approbation de la Junte;

11° Présenter à la Junte les comptes mensuels de tous travaux et services dans les dix premiers jours de chaque mois;

12° Apporter aux projets, pendant l'exécution des travaux, les modifications de détail motivées par des considérations d'économie, de solidité ou, en général, d'amélioration, sous réserve d'en rendre compte à la Junte et au Directeur général des Travaux publics lorsque l'Ingénieur ou la Junte le jugeront nécessaire.

13° Assister à la réception des travaux et fournitures de matériaux faisant l'objet d'entreprises ou y procéder par lui-même s'il y est autorisé par l'Administration supérieure;

14° N'exécuter, dans tous les cas, que les travaux approuvés et autorisés par l'Administration supérieure;

15° Etudier les projets d'utilisation des terrains gagnés sur la mer, comme conséquence des travaux exécutés, et en général de toutes les propriétés qui sont à la charge de la Junte, en prenant soin de leur conservation et de leur entretien;

16° Préparer et rédiger les règlements et tarifs pour l'exploitation des ouvrages et services dépendant de la Junte, sur la demande de celle-ci, d'accord avec elle et sous réserve de son approbation;

17" Organiser les opérations de chargement et de déchargement sur les quais, la circulation et le dépôt des marchandises dans les zones de service et sous les hangars, et tout ce qui se rapporte à l'usage des divers ouvrages qui constituent le port, désigner enfin le point d'accostage de chaque bateau et le moment où celui-ci devra quitter le quai, en portant ces indications à la connaissance du capitaine du port, le tout conformément aux dispositions en vigueur;

18° Inspecter et surveiller, en ce qui concerne les ouvrages et services du port, les travaux qui s'exécutent dans le port et sur les plages contiguës par les particuliers et entrepreneurs dûment autorisés;

19° Rédiger et publier un Mémoire annuel sur la situation des travaux du port, en détaillant et justifiant les dépenses faites au cours de l'année considérée;

20° Rendre compte semestriellement à la Direction générale des Travaux publics de la marche des travaux et services du port, ainsi que des délibérations de la Junte qui s'y rapportent, et lui donner immédiatement connaissance de toute délibération qui serait dommageable à l'intérêt public ou contraire au règlement;

21° Proposer toutes mesures utiles pour la navigation et le trafic du port et adopter dans le même but, sans avoir besoin d'en demander l'autorisation, toutes celles qui rentrent dans sa sphère d'action.

Il est spécifié enfin que, pour tout ce qui n'est pas défini dans le règlement général des Juntes de travaux des ports et dans le règlement spécial à la Junte du port de Barcelone, l'Ingénieur-Directeur aura les mêmes pouvoirs que les Ingénieurs en Chef de provinces; qu'il pourra se concerter, d'autre part, mais seulement pour les questions techniques, soit directement avec la Direction Générale des travaux publics, l'Ingénieur en Chef de la Province et les Autorités et Corporations locales, soit par l'intermédiaire du Gouverneur civil de la Province avec les autres Centres et Autorités.

En résumé, l'Ingénieur-Directeur des travaux occupe dans l'organisation administrative du port de Barcelone une situation extrêmement importante. Sa nomination est subordonnée, il est vrai, au choix de la Junte: mais ce choix ne peut s'exercer que parmi les Inspecteurs et Ingénieurs en Chef du corps des Ingénieurs des Routes, Canaux et Ports, en vertu de l'article 17 du règlement général, et doit être agréé par le Ministère de l'Agriculture, de l'Industrie, du Commerce et des Travaux publics, en vertu de l'article 4, § 3 du règlement spécial. Une fois nommé, l'Ingénieur-Directeur ne relève

plus que de l'Administration supérieure et les pouvoirs qui lui sont
conférés au point de vue technique équivalent à ceux qui sont dévo-
lus à la Junte au point de vue financier. D'autre part, le Commandant de la Marine ou Capitaine de port, qui exerce la police de la
navigation, relève lui-même d'un autre Ministère, celui de la Marine,
en vertu de la loi des ports. Il est donc indispensable, pour la bonne
marche des affaires, que l'harmonie règne, non seulement entre ces
trois autorités, mais aussi dans leurs rapports avec les autres autorités locales, notamment la Direction des Douanes et la Direction
de la Santé. Ce résultat est facilité, sans doute, par la présence de
tous les Chefs des services intéressés dans le sein de la Junte et par
le fait que celle-ci est présidée par le Gouverneur civil de la Province: mais, en cas de désaccord, le dernier mot appartient à l'Administration supérieure, qui assure finalement l'unité de direction.
On peut donc dire que le port de Barcelone, malgré l'intervention
de la Junte, est resté un port d'État, ainsi que les autres ports d'intérêt général placés sous le même régime.

Le rô'e de la Junte n'en a pas moins été des plus
utiles pour la prospérité du port. C'est grâce à la Junte,
en effet, qu'on a pu réunir, développer et surtout conser-
ver, sans les détourner de leur destination, les ressources
locales nécessaires pour faire face, avec la plus grande
régularité, à toutes les charges d'entretien et de réparation, et pour gager les emprunts contractés en vue de
l'exécution de tous les travaux d'extension et d'amélioration. Après une expérience de quarante années consé-
cutives, il est permis de penser, d'ailleurs, que l'institution
dont il s'agit a fait ses preuves et qu'elle répond bien au
but que l'on a poursuivi lors de sa création.

RAPPORT

SUR

l'Insuffisance des Aménagements du Port de Marseille

Par M. Amédée ALBY

Ingénieur en Chef des Ponts et Chaussées

Depuis la réunion du Congrès de Bordeaux en 1907, le port de Marseille a accompli de remarquables progrès.

Les travaux du canal du Rhône à la mer sont activement poussés: le gigantesque souterrain du Rove qui doit relier le port de Marseille à l'Etang de Berre est en pleine voie d'exécution. On peut prévoir son achèvement dans le délai de peu d'années.

La ligne de chemin de fer de Miramas à l'Estaque qui doit donner au port de Marseille un second effluent tout à fait indépendant de la ligne actuelle, en évitant le souterrain de la Nerthe, est en voie d'achèvement : le grand viaduc de Caronte qui fait passer cette ligne au dessus de l'émissaire de l'Etang de Berre sera terminé avant deux années.

L'aménagement du bassin de la Pinède est terminé et l'outillage de ses quais est également achevé.

Les travaux du bassin de la Madrague, dont le Congrès de 1907 demandait la construction, ont été déclarés d'utilité publique le 27 janvier 1909 et la première adjudication importante a eu lieu le 12 janvier 1911.

Enfin les Ingénieurs du port, fortement préoccupés de la lenteur de la réalisation du projet et de l'augmentation accélérée du trafic, étudient la création d'un nouveau Bassin Nord à la suite du bassin de la Madrague, ainsi que la construction d'un nouveau bassin Sud à établir au large de la jetée actuelle.

Le souci le plus vif de répondre aux besoins du présent et de l'avenir anime certainement toutes les autorités locales.

Il n'y a pas désaccord sur le choix des solutions parmi les intéressés, la nature et les circonstances les imposent en quelque sorte.

Ces conditions morales sont excellentes pour arriver à un résultat, mais encore faut-il pour que le succès couronne les efforts des éléments locaux, que les rouages centraux fonctionnent à temps et sans des retards exagérés.

Nous avons puisé dans la notice qui accompagne le dossier de l'enquête nautique prescrite par une dépêche ministérielle du 12 juin 1912 sur le projet d'extension du port, des renseignements très caractéristiques à ce sujet.

Le relevé du trafic des marchandises qui, mieux que celui du tonnage d'entrée et de sortie, fait ressortir la progression du port de Marseille, comporte les étapes suivantes :

```
2 000 000 tonnes, entrée et sortie réunies, à partir de 1861
3 000 000            »              »              »     1873
4 000 000            »              »              »     1880
5 000 000            »              »              »     1891
6 000 000            »              »              »     1898
7 000 000            »              »              »     1907
8 000 000            »              »              »     1910
9 000 000            »      probablement           »     1912
```

La progression moyenne calculée sur les 50 dernières années ressort à 130 000 tonnes par an; calculée sur les 20 dernières années à 170 000 tonnes et enfin sur les cinq dernières à 400.000 tonnes.

Quant au mouvement des voyageurs embarqués et débarqués, il dépasse le chiffre de 400 000 par an.

En regard de ce développement du trafic, plaçons le tableau des extensions successives du port :

	Date des Lois ou Décrets d'autorisation	Date d'achèvement
Bassin de la Joliette.	Loi du 5 août 1844.	Année 1853.
Bassin du Lazaret et d'Arenc (concession des docks).	Loi du 10 juin 1854. Décrets des 23 octobre 1856, 22 août 1860.	Année 1864.
Bassin de la Gare Maritime et Bassin National. Outillage des bassins.	Décrets des 24 août 1859, 29 août 1863. Loi du 5 août 1874.	Année 1884. Années 1883-1889.
Bassin de la Pinède. Outillage du bassin.	Loi du 27 Juillet 1880. Loi du 17 juillet 1893.	Années 1906-1910.
Bassin de la Madrague. Outillage du bassin.	Loi du 27 janvier 1909.	Années 1918-1922.

Il résulte de l'inspection de ces tableaux qu'avant 1890 les travaux d'extension ont été poursuivis parallèlement au développement maritime et commercial du port ou même en le précédant dans une certaine mesure — période de 1864-1884 où successivement ont été livrés les bassins du Lazaret et d'Arenc, les bassins de la Gare Maritime et le bassin National, pendant que le trafic n'augmentait que de 2 millions de tonnes.

C'est la méthode sage à laquelle sont très particulièrement attachées les autorités du port d'Anvers qui se sont posé la règle de devancer toujours dans les travaux d'aménagement de ce port les besoins commerciaux.

Mais à partir de 1890, époque où le trafic du port de Marseille touche 5 000 000 de tonnes, la gène a commencé à se faire sentir dans ce port. Depuis 1890 jusqu'à l'époque actuelle, l'augmentation de trafic est tout près de 4 000 000 de tonnes et on ne trouve en regard que la mise en service d'un seul bassin, celui de la Pinède.

« Avant la construction du bassin de la Pinède, la longueur totale « des quais utilisables pour les opérations d'embarquement et de « débarquement était de 12 860 mètres, elle est aujourd'hui de 15.006 « mètres, soit une augmentation de 15 006 — 12 860, soit 17 %, en

$$\frac{15\ 006 - 12\ 860}{12\ 860}$$

« regard d'une augmentation de :

$$\frac{8\ 785\ 886 - 4\ 971\ 010}{4\ 971\ 010} \text{ soit } 77\ \%$$

« pour le trafic.

« Telle est la situation qui se traduit par l'impossibilité matérielle « de donner satisfaction aux usagers des quais, par une gène conti- « nuelle dans les opérations du commerce, par des embarras inex- « tricables dès que surviennent des grèves ou des poussées de trafic, « et conséquemment par des complications de toutes sortes qui ren- « dent l'exploitation du port extrêmement difficile. »

C'est dans ces termes mêmes que s'exprime la notice de l'enquête: on ne peut caractériser d'une manière plus forte l'insuffisance radicale des travaux pendant la dernière période de vingt années.

La construction du bassin de la Madrague ne remédiera nullement à la situation. Quelque diligence qu'on apporte à l'exécution des travaux qui, par leur nature même, se déroulent dans un ordre de succession absolument nécessaire, ce bassin ne pourra être complètement terminé et outillé que dans une dizaine d'années.

L'achèvement du bassin de la Madrague permettra la mise en service de 2 584 mètres de quais nouveaux qui, à raison de 650 tonnes par mètre, représentent un accroissement de trafic d'environ 1 700 000 tonnes, c'est-à-dire un accroissement calculé d'après l'augmentation moyenne des vingt dernières années.

Or, nous avons vu plus haut que dans les cinq dernières années, l'accroissement du trafic s'était notablement accéléré et avait atteint 400 000 tonnes par an. On doit en conclure que non seulement la situation ne sera pas maintenue dans la condition actuelle, si médiocre qu'a décrite M. Balard Bazelière, mais se trouvera dans des conditions plus défectueuses de beaucoup.

Ainsi, en se plaçant au simple point de vue du développement normal du trafic, l'insuffisance des travaux engagés au port de Marseille éclate aux yeux : et il n'y a pas à compter sur une modification dans le progrès du trafic l'accroissement du mouvement maritime et commercial s'est manifesté dans la plupart des autres grands ports français et étrangers : on se trouve en présence d'un phénomène économique d'un caractère général auquel il convient d'adapter les installations du port de Marseille dans le plus bref délai possible, si l'on ne veut pas voir ce port déserté par certaines lignes de navigation, comme le fait vient de se produire récemment.

Mais le point de vue du développement du trafic n'est pas le seul qu'il convienne d'envisager : le port de Marseille ne pêche pas seulement par l'insuffisance de la longueur disponible de ses quais, il pêche encore gravement par l'insuffisance de ses accès.

A l'accroissement général du mouvement maritime correspond un accroissement plus considérable encore des dimensions des navires. Nous ne nous étendrons pas sur ce sujet qui a été déjà traité au Congrès de Bordeaux et qui fait l'objet de communications nombreuses dans tous les congrès de navigation. Au congrès de Philadelphie de cette année, en particulier, le sujet a été traité avec ampleur par les plus éminents ingénieurs et on est arrivé à la conclusion qu'il convenait d'envisager, pour les tracés des ouvrages des grands canaux de navigation maritime, des dimensions de bateaux suivantes : 300 mètres pour la longueur, 35 mètres pour la largeur, 11 m.60 pour le tirant d'eau (canal du Kaiser Wilhelm) et tout au moins, en mettant dans une classe à part les steamers du service du Nord de l'Atlantique, les dimensions suivantes : longueur 275 mètres, largeur 32 mètres, tirant d'eau 9 m. 50.

À Marseille, bien que le tirant d'eau ne laisse rien à désirer, les dimensions des bateaux ne suivent pas la même progression que sur les ports transatlantiques, à cause du tirant d'eau du canal de Suez qui ne donne passage qu'aux bateaux calant au plus 8 m. 53 depuis le 1er janvier 1908. (Voir tableau annexe n° 2.)

Mais ce tirant d'eau sera augmenté dans un avenir prochain et le mouvement d'augmentation des dimensions des bateaux fréquentant la Méditerranée suivra parallèlement, sans aucun doute, la progression des bateaux transatlantiques.

Pour des navires de plus de 250 mètres de longueur, il a été reconnu que le rayon des courbes de gyration ne doit pas descendre au dessous de 2000 mètres et les projets de nouveaux ouvrages sont dressés en tenant compte de ces données.

L'entrée sud du port de Marseille donnant accès au bassin de la Joliette, qui a été créée il y a plus d'un demi-siècle, ne répond pas du tout à ces conditions et ce n'est un secret pour personne que cette entrée est très dangereuse dès qu'il y a un peu de vent. On ne compte plus les sinistres qui se sont produits devant la passe de la Joliette et l'on peut dire qu'à l'heure actuelle, le port de Marseille n'a pour les grands paquebots qu'une seule entrée praticable, par le Nord : situation presque critique qui met le mouvement commercial de Marseille à la merci d'un accident. Encore cette entrée est-elle peu commode pour les navires entrant par temps de mistral à cause de la difficulté qu'ils éprouvent à perdre leur erre, poussés par le vent.

Ainsi les installations actuelles du port de Marseille, en y comprenant même le bassin de la Madrague en cours d'exécution, présentent un caractère d'insuffisance radicale, tant au point de vue de l'importance du trafic que de sa commodité et de sa sécurité.

Cette situation n'a pas échappé à la vigilance des autorités locales qui se rendent compte également des difficultés que rencontrent, sous notre régime de contrôle parlementaire ombrageux, la solution de tous les problèmes de travaux publics.

« On sait combien sont longues les formalités qui précèdent la « réalisation des grands travaux. Pour n'en citer qu'un exemple, « nous rappellerons que la construction du bassin de la Madrague « figurait dans le programme Baudin soumis au Parlement en 1901 « et a fait l'objet d'un avant-projet pris en considération par une « décision de M. le Ministre des Travaux publics en date du 12 juin « 1902. Par suite de l'ajournement prononcé par le Parlement, l'af- « faire est restée en suspens et n'a pu être reprise qu'en 1906 pour

« aboutir à la déclaration d'utilité publique du 27 janvier 1909; enfin
« la première adjudication importante relative aux travaux dont il
« s'agit n'a pu être faite que le 12 janvier 1911, c'est-à-dire une
« dizaine d'années après l'époque où la création du bassin était jugée
« utile et il faudra encore dix autres années pour en venir à bout; soit
« un délai total de vingt ans entre la conception et la réalisation. »

Cet extrait de la Notice déjà citée est d'une cruelle éloquence
et démontre l'absolue nécessité, en tenant compte des errements anté-
rieurs, de préparer les projets d'extension du port de Marseille et
de les soumettre sans retard au Parlement.

Il nous reste à examiner sommairement la consistance des projets afin de pouvoir conclure d'une manière précise.

Du côté du Nord, après l'Estaque, la côte court dans la direction Est-Ouest et devient très abrupte : on ne peut envisager pour
l'avenir dans cette direction la création de plus de deux bassins
et d'un avant-port.

Divers tracés ont été envisagés en disposant l'avant-port, soit à
la suite des deux bassins, soit entre les deux.

La première des solutions paraît la plus avantageuse, parce
qu'elle permettra de placer l'avant-port dans une situation particulièrement bien abritée et de donner aux bassins le plus grand développement. Son inconvénient est de rejeter l'entrée du port par le
Nord très loin. Mais cet inconvénient sera sans importance si une
seconde entrée est créée par le Sud et si l'on peut accéder ainsi dans
le bassin National par une coupure de la jetée actuelle.

Le développement du port se trouvant limité du côté du Nord,
on a été amené à envisager la création de nouveaux bassins au large
de la jetée actuelle. Ces bassins auront, il est vrai, l'inconvénient
d'être séparés de la terre par les passes des bassins actuels et par
suite de n'être reliés aux voies terrestres que par des ouvrages mobi-
les. C'est la situation dans laquelle les nouveaux bassins du Nord se
trouveront aussi nécessairement, à cause de la présence du canal du
Rhône.

Les Ingénieurs ont prévu l'aménagement d'un premier bassin
au large de la jetée, avec passe d'entrée orientée parallèlement à
celle de la Joliette.

Cette passe se présente de manière que les bateaux puissent dis-
poser d'un rayon de gyration de 2 000 mètres pour leurs manœuvres.

Une coupure est prévue dans la jetée actuelle de manière que
les bateaux puissent accéder à travers le nouveau bassin dans le
bassin National sans passer par les passes actuelles.

Une large voie terrestre relie par la traverse de la Joliette le terre-plain du nouveau bassin à la place de la Joliette.

Ces dispositions sont très heureuses et permettent d'envisager l'amélioration des conditions d'embarquement des nombreux services de voyageurs se rendant en Afrique.

Tels sont les projets dont l'Administration des Travaux publics a autorisé l'étude.

Quelque diligence qu'on apporte à l'étude du premier bassin de l'extension Nord, sa réalisation reste subordonnée à celle du bassin de la Madrague dont il est le prolongement : son achèvement et sa mise en service seront nécessairement postérieurs de plusieurs années à ceux dudit bassin.

L'étude de cette extension présente un intérêt immédiat pour les aménagements du canal du Rhône, ainsi que pour le raccordement de la nouvelle ligne de chemin de fer avec le port : la constitution d'un plan d'ensemble bien défini est une mesure de haute et sage prévoyance.

Mais il y a lieu de remarquer que l'exécution de ces bassins ne portera pas le moindre remède à l'insuffisance du port de Marseille : elle ne permet pas en effet de regagner le temps imprudemment gaspillé de 1890 à 1909.

Seule l'exécution du bassin du large poursuivie concurremment avec celle du bassin de la Madrague pourra apporter une amélioration efficace à la situation critique du port de Marseille.

Cette conclusion, qui est celle de notre rapport, découle mathématiquement de l'étude du développement du trafic; elle est en même temps impérieusement dictée par les considérations de sécurité de l'exploitation, la passe de la Joliette étant pratiquement interdite aux navires de grandes longueurs par les forts vents, et la passe Nord n'étant pas sans danger dans le même cas pour les bateaux entrant dans le port.

ANNEXE N° 1

Mouvement Maritime et Commercial du Port de Marseille

Années	Mouvement de la Navigation Entrées et Sorties réunies		Mouvement de Marchandises		
	Nombre de Navires	Tonnage de Jauge	Entrées	Sorties	Total
1816		611 881			
1830		987 877			
1840	13 380	1 374 067			
1845	15 989	1 960 513			
1850	14 552	1 634 391			
1855	20 792	3 051 931			
1860	16 910	2 759 652	949 946	669 549	1 619 494
1865	17 726	3 449 775	1 189 708	872 293	2 062 001
1870	18 153	4 372 787	1 728 827	936 497	2 665 324
1875	17 770	5 251 226	1 998 398	1 196 872	3 195 270
1880	19 624	7 235 174	2 780 626	1 437 634	4 218 260
1885	15 282	8 432 316	2 523 239	1 595 927	4 117 166
1890	18 074	9 918 190	3 020 899	1 950 111	4 971 010
1895	16 975	9 973 969	3 239 704	2 153 824	5 393 528
1900	17 254	12 376 266	3 784 383	2 436 991	6 221 374
1901	16 802	13 087 098	4 057 566	2 293 388	6 350 954
1902	17 008	13 233 274	4 013 834	2 474 233	6 488 067
1903	17 608	14 465 584	4 382 854	2 676 560	7 059 414
1904	16 292	15 355 401	3 822 500	2 432 163	6 254 663
1905	17 342	15 786 728	3 808 330	2 713 109	6 521 439
1906	16 468	15 917 119	4 122 442	2 758 407	6 860 849
1907	16 321	16 616 273	4 445 668	2 850 694	7 296 362
1908	16 777	17 534 065	4 426 673	2 945 559	7 372 232
1909	17 105	18 113 987	4 560 619	3 046 721	7 607 340
1910	16 630	18 929 207	5 096 628	3 233 628	8 330 256
1911	16 836	19 632 974	5 476 686	3 309 200	8 785 886

ANNEXE N° 2

Progression des dimensions des bateaux fréquentant la Méditerranée

Nom de l'Unité et de la Compagnie		Tonnage brut	Longueur	Largeur	Tirant d'eau	Vitesse en nœuds	Date
A. Lignes d'Orient et d'Australie							
Péninsular ...	Péninsular et Oriental	5 000	125	14.63	7.20	15	1884
Himalaya		6 900	139	15.85	7.80	16	1892
China........		8 000	152.4	16.48	8.00	18	1896 1900
Mongolia		9 500	164.8	17.40	8.20	17	1906
Médina		12 500	173.4	18.95	8.40	18	1911
Ernest Si	Messageries maritimes	4 560	135	14.35	7.20	14	1893
Polynésia		6 560	146.9	15.00	7.50	16	1896
Paul Lecat ...		11 000	155	18.8	8.10	16	1911
Ophir	Orient Line	6 814	141.7	16.25	7.60	18	1891
Orante........		9 023	161.5	17.38	8	18	1905
Osterley		12 129	168.3	19.28	8.40	19	1910
B. Lignes de New-York (Naples-Gênes)							
King Albert .	N. Lloyd	10 600	157	18.30	8.40	15	1900
Berlin		17 000	187.2	20.73	9.80	16.5	1907
Cyniric	White Star	12 500	182.9	19.51	9.30	14	1896
Cedric		21 000	214.6	22.86	10.60	15	1902
Carmania. Cunard .		79 580	204.9	21.95	10	19	1906

Le plus grand steamer ayant traversé le canal de Suez est le *Cleveland* de 17 342 tonneaux de jauge et de 8 m. 47 de tirant d'eau

La proportion de bateaux de plus de 8 mètres de tirant d'eau traversant le canal de Suez est en progression continue et atteint 6,7 % en 1911.

Les travaux en cours ont pour objet de porter la profondeur à 12 mètres, de manière à réaliser un tirant utile de 10 mètres sur 45 mètres de largeur de plafond.

Les dragues les plus récentes commandées pour la Compagnie doivent atteindre 15 mètres de profondeur.

A l'heure actuelle, ce sont les mouillages de l'Entrée à Port-Saïd qui empêchent d'augmenter le tirant d'eau dans le passage du canal de Suez dont il convient d'envisager l'approfondissement méthodique et régulier dans l'avenir.

Afin d'apprécier la progression comparative des dimensions des bateaux en Méditerranée et dans l'Atlantique, nous rapportons les chiffres suivants empruntés aux recherches de M. Corthell.

		Tonnage brut	Longueur	Largeur	Tirant d'eau
Dimensions moyennes des 20 plus grands navires marchands.	1900	12 411	171.9	19.2	9.1
	1905	15 861	187.4	20.4	10.2
	1910-11	28 018	221.0	24.4	10.7
Dimensions maxima des plus grands na- vires marchands.	1900	14 349	208.8	20.73	9.88
	1905	24 000	215.8	23.00	11.58
	1910-11	50 000	269.7	29.46	11.74

Les plus grands navires marchands étant ceux de la ligne de New-York, en comparant le chiffre ci-dessus avec ceux des tableaux précédents, on voit que les grands paquebots des lignes d'Orient sont de la taille des plus grands paquebots de l'Atlantique d'il y a dix ans; mais pour la ligne de New-York Méditerranée, la différence est bien moindre, certains des paquebots faisant le service Naples-Gênes-New-York sont compris parmi les vingt plus grosses unités actuellement à flot.

www.ingramcontent.com/pod-product-compliance
Lightning Source LLC
LaVergne TN
LVHW020627180726
843502LV00006B/1916